如果你有
海洋动物的超能力

[美] 桑德拉·马克尔 著

[英] 霍华德·麦克威廉 绘

阳亚蕾 译

中信出版集团 | 北京

献给唐纳·戈夫以及伊利诺伊州内伯威尔市毕比小学的孩子们。

图书在版编目（CIP）数据

如果你有海洋动物的超能力 /（美）桑德拉·马克尔
著；（英）霍华德·麦克威廉绘；阳亚蕾译 . -- 北京：
中信出版社，2023.3
（如果你有动物的舌头；全 3 册）
书名原文：What if you could sniff like a shark
ISBN 978-7-5217-5415-5

Ⅰ . ①如… Ⅱ . ①桑… ②霍… ③阳… Ⅲ . ①水生动
物—海洋生物—儿童读物 Ⅳ . ① Q958.885.3-49

中国国家版本馆 CIP 数据核字（2023）第 029037 号

如果你有海洋动物的超能力
（如果你有动物的舌头；全 3 册）

著　者：［美］桑德拉·马克尔
绘　者：［英］霍华德·麦克威廉
译　者：阳亚蕾
出版发行：中信出版集团股份有限公司
　　　　　（北京市朝阳区东三环北路 27 号嘉铭中心　邮编　100020）
承 印 者：北京尚唐印刷包装有限公司

开　本：787mm×1092mm　1/12　　　印　张：$3\frac{1}{3}$　　字　数：45 千字
版　次：2023 年 3 月第 1 版　　　　　印　次：2023 年 3 月第 1 次印刷
京权图字：01-2023-0222　　　　　　　审 图 号：GS 京（2023）0109 号（此书中插图系原文插图）
书　号：ISBN 978-7-5217-5415-5
定　价：59.80 元（全 3 册）

出　品　中信儿童书店
图书策划　红披风
策划编辑　刘杨　车颖
责任编辑　王琳
营销编辑　易晓倩　李鑫橦　高铭霞

出版发行　中信出版集团股份有限公司
服务热线：400-600-8099　　　　　网上订购：zxcbs.tmall.com
官方微博：weibo.com/citicpub　　　官方微信：中信出版集团
官方网站：www.press.citic

如果某天你醒来，发现一夜之间你获得了某种海洋动物的超能力……

如果你能像太平洋巨型章鱼一样变形，

像澳大利亚箱形水母一样蜇人，

或者拥有了其他海洋动物酷酷的与生俱来的本领，

那么，海洋动物的超能力究竟会如何改变你的生活呢？

1

如果你有大白鲨的鼻子？

在世界上哪些地方？

大白鲨大多生活在 12 ℃ 至 24℃的海水里。

大白鲨不会像你那样用鼻子吸气。它在向前游动时，使海水进入鼻孔。海水在排出来之前，要经过遍布气味传感细胞的褶皱，然后将信息传送至大白鲨的大脑。大白鲨就是通过这种方式嗅到水里有什么东西。狩猎受伤的动物更容易成功，所以大白鲨总是在嗅血腥味。它甚至可以嗅到 4800 米外的一丁点儿血！

如果你有大白鲨的鼻子，那么你不需要指示就能找到一家甜甜圈店。

成体大小：
　体长约 6.4 米，重可达
　1000 千克

寿命：
　约 70 年

食物：
　大部分种类的鱼、海豹
　和海豚

背鳍

尾鳍

胸鳍

生长过程

　　大白鲨幼崽在母亲体内的卵里发育长大。在最开始的时候，大白鲨幼崽从卵黄囊获取营养。等到它从卵中脱离出来，大白鲨幼崽会继续在母亲体内生长 12 到 18 个月。在这期间，它以发育中断的卵甚至是自己的一些兄弟姐妹为食！刚出生的大白鲨幼崽长达 1.5 米，重达 34 千克，并且长着一口尖牙。

鳃裂

水通过大白鲨的嘴进入，然后流经鳃，接着从鳃裂流出。这就是大白鲨从水中获取氧气的方式。

想知道为什么大白鲨有一个高高的背鳍？

如果没有背鳍，大白鲨尾鳍每一次有力的左右摆动都会让它的身体翻倒。背鳍能使游动的大白鲨的身体保持平衡。

鼻孔

牙齿

总共约有300颗。前面的两排牙齿是用来撕咬的，一旦脱落，后排的牙齿就会补上。

超能力！

如果你有大白鲨的鼻子，你就能及时发现烟雾，防止森林火灾！

如果你能像太平洋巨型章鱼一样变形？

太平洋巨型章鱼全身都没有骨头。它身体唯一坚硬的部分是嘴周围鹦鹉状的喙和位于头内部的与肌肉相连的两个板状壳。太平洋巨型章鱼身体的其余部分就像一个肌肉发达的气球，它有着灵活的腕，可以穿过任何比它身体最坚硬的部分——喙状嘴——更大的东西。它甚至可以从一个汽水易拉罐那么小的开口中挤过去。

 在世界上哪些地方？

太平洋巨型章鱼最常见于浅水区。

如果你能像太平洋巨型章鱼一样变形，即使没有门你也能穿过栅栏。

成体大小：
它的主体部分叫外套膜，长约 60 厘米，在腕完全伸展开的情况下，全长可达 9 米。重达 270 千克

寿命：
大约 4 年

食物：
主要是蛤蜊、鲍鱼、扇贝和鱼

外套膜

眼睛

虹吸管

生长过程

太平洋巨型章鱼宝宝在一粒米大小的卵中发育。雌性太平洋巨型章鱼一次会产大约 10 万颗卵，并让卵附着在巢穴壁上。大约 7 个月后，章鱼宝宝将从卵中孵化出来，这期间母亲会一直守护它们。每只幼崽只有豌豆大小，但刚一出生就都能游到水面上。它在水面上漂浮大约 3 个月，吃它能抓到的东西，越长越大，然后沉入海底继续进食和生长。

想知道为什么太平洋巨型章鱼有一个大虹吸管？

虹吸管是章鱼身体的一部分，在发生危险时帮助它逃生。其他时间里，虹吸管只是章鱼呼吸系统中的一部分。水通过外套膜中的一个开口进入，流经鳃，在这里提取出其中的氧气。之后水经虹吸管流出——除非章鱼需要快速移动！此时外套膜挤压虹吸管并让水由虹吸管喷出。与此同时，章鱼可以将墨汁释放进喷射的水中。这样就制造出一团像乌云一样的墨汁，帮助章鱼在逃跑时打掩护。

腕
8 条腕上各覆盖着 200 多个吸盘，用来捕捉和缠住猎物。

超能力！

如果你能像太平洋巨型章鱼一样变形，你就能轻松地挤到一张拥挤的沙发上。

澳大利亚
箱形水母

如果你能像澳大利亚箱形水母一样蜇人？

在世界上哪些地方？

澳大利亚箱形水母主要生活在靠近海岸的温暖水面上。

澳大利亚箱形水母有多达 60 根触手——像绳子一样柔韧又灵活——垂挂在它箱形的身体上。这些触手可以伸展至约 3 米长。每根触手上都覆盖着大约 5000 个刺细胞。如果碰到这些触手，或者仅仅是轻轻拂过，上面的刺细胞就会展开攻击！不管触碰哪里，它都会刺过去，注入比眼镜蛇毒更致命的毒液。即便是微小剂量的毒素也会引起剧烈的疼痛，甚至死亡。

如果你能像澳大利亚箱形水母一样蜇人，你就能成为一个打击犯罪的超级英雄！

11

成体大小：
　　它的身体宽达 25.4 厘米，
　　重达 1.8 千克

寿命：
　　大约 1 年

食物：
　　主要是鱼、虾和箭虫

伞状体
这种水母有着箱形的易伸缩
的身体。

口部

点眼

生长过程

　　澳大利亚箱形水母在生长的不同阶段有不同的名字。雌性水母把卵产到海水里。当卵孵化后，得到幼体。过不了多久，幼体会漂浮在海面上，或者附着在珊瑚或石头上。随后幼体开始变化形态，变得像一株小海葵。在这个阶段，它叫水螅体，以生活在水里的浮游生物为食。几个月后，水螅体经历繁殖过程中的一种特殊阶段，叫发育期。这个过程会产生许多成年水母。

触手

想知道为什么澳大利亚箱形水母有那么多点眼？

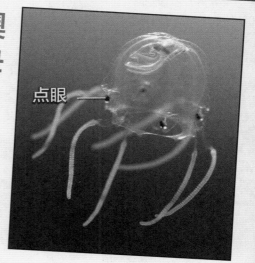

点眼 —

这种水母看东西的方式和人类有所不同，因为它有许多个点眼——在箱形身体边缘的每侧分布着6个点眼。这些点眼可以在黑暗中感觉到光亮。它们能够让水母看清身体周围的情况，避免撞上漂浮的碎片或大型的捕食者，比如说翻车鱼。点眼还可以在小型猎物近到可以发起进攻和捕食时，起到窥视的作用。

超能力！

如果你能像澳大利亚箱形水母一样蜇人，你将会是一个永远不敢有人擒抱的四分卫！

如果你能像椰子蟹一样钳开东西？

在世界上哪些地方？

椰子蟹生活在太平洋和印度洋的岛屿上。圣诞岛拥有的数量世界最多。

成年椰子蟹巨大钳子的力量可以与狮子的撕咬力匹敌！科学家们借助比较大小和强度的特殊设备发现了这点。有这样的力量，难怪椰子蟹能以坚硬的食物比如椰子为食。这种螃蟹也会用它强有力的钳子来警告其他螃蟹远离它，并保护自己免受捕食者的攻击。

如果你能像椰子蟹一样钳开东西，你就能轻松地打造出最酷的万圣节服装！

15

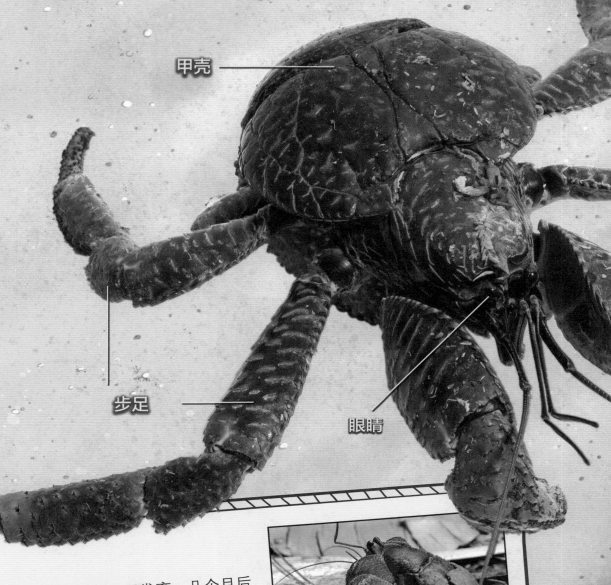

不可不知的
小知识

成体大小：

壳长可达 40 厘米，体重可达 4.5 千克，它们是陆地上最大的节肢动物

寿命：

长达 50 年

食物：

主要是水果和坚果（包括椰子）

甲壳

步足

眼睛

生长过程

　　椰子蟹宝宝附着在母亲腹部的一个小型卵囊里发育。几个月后，雌蟹会及时地进到海里让它的宝宝孵化。每只幼体都漂浮在水面上，以浮游生物为食继续发育。大约经过 1 个月，它进入两栖阶段。它的体表变得坚硬，称为甲壳，除腹部外，甲壳覆盖着它的身体。所以它会在海底寻找到一个壳，然后把腹部塞进去。当椰子蟹在两栖阶段进食并长得更大时，它会不停地换壳，从一个壳换到另一个更大的壳。最后，椰子蟹长出自己坚硬的腹部覆盖物。它现在是一只成年椰子蟹，可以上岸在陆地上生活。

想知道为什么一年中椰子蟹会有 6 到 8 周的时间躲藏起来？

椰子蟹在换壳长得更大时就会躲藏起来。旧的甲壳下其实已经有了一层新的甲壳，但是这层新的甲壳起初很软，以便延展开来以贴合椰子蟹变得更大的身体。直到新外衣变得像盔甲一样坚硬，椰子蟹才会从躲藏的地方钻出来。

左螯
左螯比右螯更大。

触鞭

超能力！

如果你能像椰子蟹一样钳开东西，你就能轻松地带领探险队穿过茂密的丛林。

17

如果你能像河鲀一样膨胀？

 **在世界上
哪些地方？**

这种河鲀最常出现在珊瑚礁周围。

这种河鲀可以轻易地膨胀到平常大小的两到三倍。它之所以可以瞬间膨大，是因为能迅速把大量的水吞进有弹性的胃里。它的皮肤上布满波浪状的褶皱，延展性也很好。所以当虎鲨等饥饿的捕食者靠近时，河鲀能膨大成球状，捕食者面对这个大球无法下嘴。迅速变大是很好的自卫方法！

如果你能像河鲀
一样膨胀，你就
会成为每次游行
最大的焦点！

不可不知的
小知识

成体大小：
书中这种河鲀体长约 50
厘米，重约 4 千克

寿命：
长达 8 年

食物：
主要是海胆、海绵、蟹
和珊瑚

背鳍 ————

尾鳍 ————

胸鳍

臀鳍

生长过程

这种雌鱼会在靠近海岸的温暖水域
中产 3 到 7 枚卵，然后游走。鱼卵在海
上漂浮大约一周，然后孵化，但此时鱼
宝宝还没有发育完全。鱼宝宝的身体外
有一个坚硬的壳，可以在长鱼鳍的那几
天保护它。一旦鱼鳍长出来，外壳就会
破裂并脱落。

20

表皮

不像大多数鱼那样覆盖着鳞片，它的表皮有毒，并且像鼻涕一样黏糊糊的。

眼睛

嘴巴

想知道为什么河鲀的眼睛不往一个方向看？

这是因为它的两只眼睛能各自转动。所以河鲀一次能看两个不同的方向，以留意猎物和捕食者。

超能力！

如果你能像河鲀一样膨胀，你就可以毫不费力地为你的朋友们在看台上占到位置！

萤火鱿

如果你能像萤火鱿一样发光？

在世界上哪些地方？

萤火鱿生活在海洋边缘的沿海大陆架上，那里只有微弱的光线。

萤火鱿的身体上覆盖着一层特殊的发光器官。每个器官都会产生一种叫荧光素的化学物质和一种叫荧光素酶的蛋白质。当这种化学物质和这种蛋白质与水中的氧气结合，就会发生反应，发出冷蓝光。这些光可以同时闪烁，也可以形成不同的图样以吸引异性。这种光还能把猎物引到足够近的地方，让萤火鱿能用触腕抓住。

如果你能像萤火鱿一样发光，你就能成为人人依靠的能发送秘密信息的密探。

成体大小：
　身长大约 7.6 厘米，重量
　只有 9 克

寿命：
　大约 1 年

食物：
　主要是小鱼

鳍

外套膜

生长过程

　　每年 3 到 6 月，成千上万的成年萤火鱿会聚集在海面附近的交配地点。每只雌萤火鱿会产下多达 2 万个卵，它们像水母的卵一样结成绳状，长达 1.3 米。卵在 6 到 14 天内孵化。萤火鱿幼体和成年萤火鱿长得一样，只是个头要小得多。它生活在黑暗的深处。但它也会在夜间浮出水面，捕食猎物并长得更大。

眼睛

想知道为什么萤火鱿有长长的触腕？

触腕上有可以困住猎物的吸盘。当猎物靠近时，触腕将猎物拖近，方便用腕抓住，然后再放到嘴里。

腕

虹吸管
水从这里喷出来，帮助萤火鱿迅速脱险。

超能力！

如果你能像萤火鱿一样发光，你会成为学校的交通指挥明星。

如果你能像红海龟一样全副武装？

在世界上哪些地方？

除了寒冷的北极和南极，在所有海域中都能找到红海龟的身影。

红海龟的壳是它身体的盔甲。它的确足够坚硬，就算是鲨鱼也难以下嘴！龟壳由大约 60 块骨头组成，这些骨头是它胸腔和脊骨的一部分。这些骨头上覆盖着坚硬的一层叠一层的角蛋白，和构成人类指甲的是同一种物质。因为它的壳主要由骨头组成，所以当海龟的身体变大时，它的盔甲也会随之长大。

如果你能像红海龟一样全副武装，你就永远不用担心在结冰的人行道上滑倒。

不可不知的小知识

眼睛

头
与某些种类的海龟不同，红海龟不能把头缩回壳里来保证自己的安全。

喙状嘴

前鳍状肢

生长过程

红海龟的幼龟都是在类似皮革的外壳包裹的蛋里发育长大。雌龟产蛋后，把蛋埋在它在沙滩上挖的洞里。一个洞里可以有多达 300 个蛋。蛋的温度决定了幼龟的性别，温度较高的蛋发育为雌性，温度较低的蛋发育为雄性。蛋在大约 60 天后孵化。每只幼龟都会爬到水里，然后游走。它只能靠自己在海洋中自力更生。

背甲

腹甲

想知道为什么红海龟有巨大的鳍状肢？

红海龟用它像翅膀一样扁平又宽阔的前鳍状肢划水。后鳍状肢起到舵的作用。雌龟还会用它的后鳍状肢在沙地上挖洞来产卵。

后鳍状肢

超能力！

如果你能像红海龟一样全副武装，你就能成为好莱坞最好的电影替身！

如果你能像雌深海鮟鱇一样
"施魔法"？

在世界上
哪些地方？

深海鮟鱇漂浮在深海中。科学家们正在继续调查它的活动范围。

只有雌深海鮟鱇有引诱猎物的诱饵。诱饵位于雌鱼的背上，像一根长长的木杆。诱饵顶端的球状部分聚集着会发光的细菌，会发光的这部分向前延伸，恰好悬在雌深海鮟鱇的大嘴前。在黑暗的海洋深处，雌深海鮟鱇只需静静地躲藏起来，然后摆动发光的诱饵。任何好像被施了魔法游过来察看的小鱼都会成为它的晚餐。一口吞下！

如果你能像雌深海鮟鱇一样"施魔法"，你将会是世界上闻名的催眠师。

成体大小：
> 体长约 75 厘米，重达 50 千克

寿命：
> 30 年左右

食物：
> 任何它们能抓到的鱼

诱饵

眼睛

嘴

生长过程

　　雌深海鮟鱇一次能产下多达 100 万颗小小的鱼卵。鱼卵被包裹在一团巨大的薄薄的胶状物里，在海洋表面漂浮。孵化出来后随着长得更大，它们生活的水域也会越来越深，一直到海洋深处。雄鱼寄生在雌鱼身上，永远长不大，由雌鱼带着到处游。只有雌鱼会发育出诱饵。

身体
篮球状的身体让它能
够轻易吐进猎物

表皮

想知道为什么雌深海鮟鱇长着一张大嘴？

在深海很难捕捉到猎物，所以雌深海鮟鱇需要在猎物被吸引靠近时抓住机会——不管是什么鱼。这就是为什么雌深海鮟鱇长着一张可以张很大的嘴。它的胃也可以扩张，以容纳一顿大餐。

超能力！

如果你能像雌深海鮟鱇一样"施魔法"，你将是野营旅行中最让人着迷的讲故事的人。

飞鱼

如果你能像飞鱼一样滑翔？

 在世界上哪些地方？

世界各地的热带海域中都有飞鱼。

当飞鱼跃入空中时，它向身体前方和侧边挥动翼状鳍，就像一个人张开双臂一样。翼状鳍固定在一起，由许多硬棘支撑。一旦飞到空中，它们就能让一条飞鱼一下子滑翔 100 米！如果运气好的话，这段距离足以助它从行动敏捷、饥肠辘辘的捕食者比如蝠鲼或剑鱼口下逃生。

如果你能像飞鱼一样滑翔，搭校车都能成为一场冒险！

成体大小:
体长大约 20 厘米,重达
110 克

寿命:
大约 5 年

食物:
主要是浮游生物,生活
在海洋表面附近的微小
生物

尾鳍 —————

生长过程

　　雌性飞鱼一次能产下多达 300 颗卵。这些卵由许多细小
的带黏性的线固定在漂浮在水中的海藻上,大约在一周内孵
化。之后小鱼会附着在卵中的卵黄囊上,以卵黄囊为食继续
发育。当卵黄囊的营养吸收完了,它就可以自己觅食了。此
时它依然很小,在觅食的时候会躲在漂浮在水面的微小生物
当中,继续生长。

飞鱼卵

胸鳍

眼睛

鳃盖
附在鳃上，起到保护作用。

想知道为什么飞鱼的尾鳍下部更长？

在滑翔的过程中，飞鱼最终还是会沉到水里。它尾鳍更长的那部分先落入水中。当它快速地拍打水面，更长的那部分会让飞鱼再次飞到空中，这样它就能滑翔得更远。

超能力！

如果你能像飞鱼一样滑翔，你就会创下一项牢不可破的世界跳远纪录！

栖息地，甜蜜的家

所有的生物都需要一个栖息地。这个特殊的地方为生物提供氧气、水、食物、遮蔽物以及生活和繁衍后代所需的空间。地球为生物提供了许多不同的栖息地。其中之一就是海洋。

海洋可分为两个主要区域：沿海（靠近海岸）和大洋（所有其他区域）。从上到下，大洋也被划分为不同的栖息地。

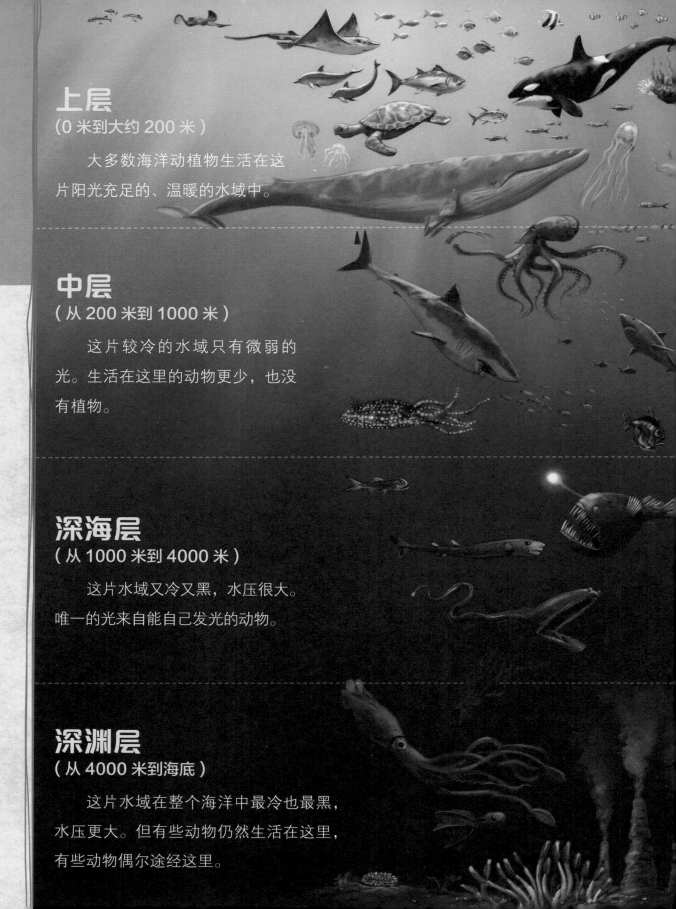

上层
（0 米到大约 200 米）

大多数海洋动植物生活在这片阳光充足的、温暖的水域中。

中层
（从 200 米到 1000 米）

这片较冷的水域只有微弱的光。生活在这里的动物更少，也没有植物。

深海层
（从 1000 米到 4000 米）

这片水域又冷又黑，水压很大。唯一的光来自能自己发光的动物。

深渊层
（从 4000 米到海底）

这片水域在整个海洋中最冷也最黑，水压更大。但有些动物仍然生活在这里，有些动物偶尔途经这里。